刷梦想 之 彩色印刷术

孙宝林 高 飞 主编

人民东方出版传媒
东方出版社

图书在版编目（CIP）数据

刷梦想之彩色印刷术/ 孙宝林，高飞 主编 . --北京：东方出版社，2021.7
（中华传统文化儿童科普AR绘本）
ISBN 978-7-5207-2267-4

Ⅰ . ①刷... Ⅱ . ①孙... ②高... Ⅲ . ①彩色印刷－印刷史－中国－儿童读物 Ⅳ . ① TS805.3-092

中国版本图书馆 CIP 数据核字（2021）第 127397号

刷梦想之彩色印刷术

（SHUA MENGXIANG ZHI CAISE YINSHUASHU）

主　　编：孙宝林　高　飞
责任编辑：童　瑜
出　　版：东方出版社
发　　行：人民东方出版传媒有限公司
地　　址：北京市西城区北三环中路6号
邮　　编：100120
印　　刷：北京联兴盛业印刷股份有限公司
版　　次：2021 年 7 月第 1 版
印　　次：2021 年 7 月第 1 次印刷
开　　本：889 毫米 ×1194毫米　1/12
印　　张：3
字　　数：30千字
书　　号：ISBN 978-7-5207-2267-4
定　　价：88.00 元
发行电话：(010) 85924663　85924644　85924641

手机或平板电脑扫描
上方的二维码，下载
"刷梦想"APP

01

02

打开"刷梦想"，
点击进入

从第一章开始，将手
机或平板电脑的摄像
头对准书页

03

04

开始观看AR动画，
领略印刷文化魅力

手机或平板电脑打开
"支付宝"

01

02

点击"扫一扫"，
选择"AR"

扫一扫

从第一章开始，将识
别框对准书页

03

04

开始观看AR动画，
领略印刷文化魅力

引言

　　在印刷史上，中国人的发明是多方面的。你一定听说过雕版印刷术、活字印刷术，其实，彩色印刷术同样也是中国人民对世界印刷技术发展的一项重大贡献。

　　早在六七千年前的新石器时代，我们的祖先就能够用赤铁矿粉末将麻布染红。进入商周以后，先民们掌握了利用多种矿物、植物染料染色的技术。隋唐以后，中国的彩印更是大放异彩：蜡缬、夹缬、套印书籍、彩印纸币、木刻版画、石版彩印技术等等，琳琅满目，万紫千红。

　　彩色印刷术是如何发展的？又有哪些精彩的应用？下面就让我们一同探索彩色印刷的奥秘，感受彩色印刷的魅力吧！

目 录

织物印花工艺

从手绘图案到织物印花

　　从战国时期的帛画中我们能看到，人们已经开始使用手绘的方式来装饰丝绸了。随着技术与文化的进步，织物上的装饰手段经历了从手绘、绣花、提花到手工印花的转变。掌握了织物印花工艺，人们可以将染料按照设计好的花色印在织物上，丝绸图案就能更加快速、准确地进行大量复制了。

蜡缬、夹缬、绞缬 ？

xié　　xié　　xié

想一想，如果用蜡在织物上画出花纹，然后放入染缸中，会产生什么效果？如果将织物的一部分折叠起来并用线捆紧，然后放入染缸中，又会产生什么效果？

显然，有蜡的地方染不上颜色，除去蜡后，美丽的花纹就会在织物上出现。折叠起来的织物不易上染，而未折叠处则容易着色，因此织物上会形成别有风味的晕色效果。这便是蜡缬和绞缬。

夹缬和它们有着相似的原理，都属于防染印花，即通过一定的方式阻止底色染料染上我们设计好的花纹。

再想一想，如果用这样两块雕镂相同的花版夹紧织物，然后放入染缸中，会产生什么效果呢？

◀ 夹缬花版

矿物颜料与植物染料

矿物颜料

人类最早用于着色的颜料是红色的赤铁矿和黑色的磁铁矿等矿物质，这些五颜六色的石块很容易从自然界取得，不需要经过复杂的处理就可使用。在涂色前需要把矿物质粉碎、研磨，磨得越细，颜料的附着力、覆盖力、着色力就越好。

植物染料

新石器时代的人们发现，花果的根、茎、叶、皮都可以用温水浸渍来提取染液。到了周代，甚至设置了专门管理植物染料的官员负责收集染草，以供浸染衣物之用。

植物染料经由套染技术，还可以变化出无穷的色彩。

你一定听说过"青出于蓝而胜于蓝"吧，这句话就源于我们古代的蓝染技术。这里的"青"是指青色，"蓝"则是指制取靛蓝的蓝草，意思就是用蓝草制成的靛蓝经过多次浸染可以染出更青的颜色来。

▲ 蓝草

印花敷彩纱

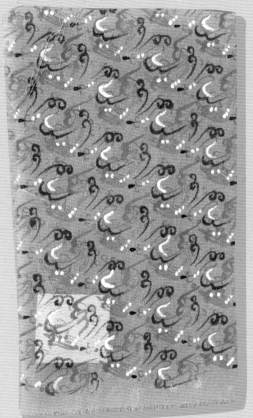

长沙马王堆汉墓出土的印花敷彩纱，距今已有2100多年的历史了，是目前发现的最早的印花与彩绘相结合的织物。一同出土的还有三件用印花敷彩纱制成的锦袍，说明印花敷彩纱是当时的贵族妇女十分喜爱的一种时装面料。

长沙马王堆汉墓出土的印花敷彩纱

仔细瞧瞧，你能看出这块印花敷彩纱上哪些部分是使用印版印制而成，哪些部分又是手工绘制的吗？

蓝印花布

从明代便开始流行的蓝印花布是历代中国民间最为普及的印花织物，至今仍然深受人们的喜爱。

蓝印花布分为蓝底白花和白底蓝花这两种形式。你发现它们有什么不同了吗？

蓝底白花的花纹多是短线、碎点，在印制时只使用一块花版即可。

白底蓝花的花纹则大多如藤蔓般相互攀缠，常用两块花版套印而成。印第一遍的叫"花版"，印第二遍的叫"盖版"。盖版的作用就是把花版的连接点和需留白地之处遮盖起来，以便更清楚地衬托出蓝色花纹。

雕版印刷术

　　雕版印刷术是以传播文化为目的、以雕刻为手段、以木料为版材、以纸为承印物的凸版印刷技术。雕版印刷术自发明以来，作为一种传播文化的手段，主宰了古代中国一千多年的印刷史。它是真正意义上的"文明之母"。

单色雕版印刷工艺

单色雕版印刷术的工艺主要包括雕版的刻制和雕版的印刷两个部分。

雕版的刻制

　　首先，把木材锯成一块块木板。把我们要印刷的文字或图像写在薄纸上，反贴在木板上，再根据字和图像的线条，用刀一笔一笔雕刻成阳文，使每个图文部分的线条突出在版上。

雕版的印刷

　　刷印时，先用一把刷子蘸墨，在雕好的板上刷一下，接着，将白纸覆在纸上，另外拿一把干净的刷子在纸背上轻轻刷一下，把纸拿下来，一个刷印过程就完成了。

AR

材料及工具

墨

中国古代手工制墨是以水性松烟墨为主的。这种印墨十分适用于以木料为版材，以宣纸为承印物的雕版印刷。

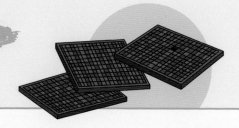

木板

雕版印刷的木材一般选用坚实，纹质细密的木材，如梨木、枣木等。

雕刻工具

雕刻所用的工具有二十多种，这些是平时常用的刀具。最主要的刀具是拳刀，刀柄一般用红木或黄梨木，不易变形，中间的刀条可以磨成直刀或月牙刀。

刷印工具

刷印工具一般多用马鬃、棕榈之类的粗纤维物质制作，制作工艺历代传承，沿用至今。

朱、蓝印本

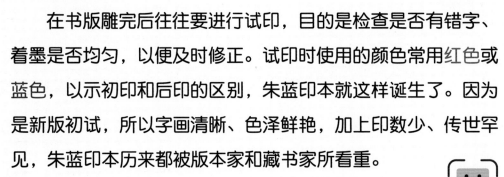

在书版雕完后往往要进行试印，目的是检查是否有错字、着墨是否均匀，以便及时修正。试印时使用的颜色常用红色或蓝色，以示初印和后印的区别，朱蓝印本就这样诞生了。因为是新版初试，所以字画清晰、色泽鲜艳，加上印数少、传世罕见，朱蓝印本历来都被版本家和藏书家所看重。

套色雕版印刷工艺说明

　　最早的彩色印刷技术是在一块木板上涂上不同的颜色，一次性进行印刷。但是这样很容易造成颜色的混淆。工匠们经过探索发现，可以先在木板上涂上一种颜色，印在纸上，再涂另一种颜色，然后严丝合缝地套印在同一张纸上，这种套印的方法比之前同时刷两种不同的颜色进行印刷的质量要高出许多，但是在一块板上往返涂抹颜色十分不便，工作效率不高。

　　因此，后来一些工匠便将要印的同一种颜色的内容刻在一块板上，将另一种颜色的内容刻在另一块板上，分版套印。这样的方法虽然刻板的时间增加了，但是极大地提高了印刷的效率。

套印书籍

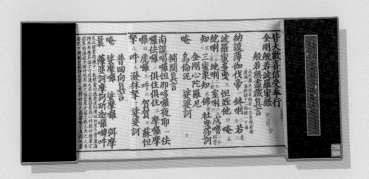

明《程氏墨苑》

元《金刚经注》

元刻朱墨本《金刚经注》是我国印刷史上的一件珍贵文物。我们可以看到，它由朱、墨二色印制而成。其中，使用红色墨印的是经文，而用黑色墨印的则是经文的注释。这是目前世界上有确切纪年的最早的一本双色套印古籍。

程氏滋兰堂刻彩色套印本《程氏墨苑》中有彩色印图五十五幅，采用四色、五色分饰不同的器物、花鸟等。书中有红色、黄色的凤凰，有绿色的竹子，纹路细腻，色彩鲜艳，印刷极为精美华丽。

清《劝善金科》

《劝善金科》是清宫每于岁末或其他节令演出的节令戏。戏本由红、蓝、绿、黄、黑五种颜色套印而成。

其中戏目采用单行大绿字，宫调用双行小绿字，曲牌名用单行大黄字，科文与服色以小红字旁写，曲文用单行大黑字，韵白则以小黑字旁写；此外还用了小蓝字作为旁注；南腔、北调则各以小红圈一一圈出。各色纯正匀净，清晰悦目，既有提示、助读的作用，又美化了版面，兼具艺术欣赏性，是清前期彩色套印技术的杰作。

套印地图

如今，地图已是我们日常生活中随处可见的印刷品了。然而你知道吗，在古代，雕版套印地图可是一项非常困难的技术。因为地图上的线条细而多，同时文字也比一般书籍中的文字要小，所以雕刻印版就较为困难。此外，还需要先在纸上描绘好图框，印刷时先印一色，印第二色时以第一色的框线为准来进行套合。

清三色套印《历代舆地沿革险要图》

传统的中国画十分讲究落笔的深浅以及层次的叠加感，如何通过印刷呈现出近似原画的效果呢？到了明代中期，随着"饾版""拱花"等套印技艺的出现，我们能印出有渐变层次的画稿，可以逼真地复制各类中国字画了。

木版水印工艺

dòu

饾版印刷

这一小块一小块的木版，如同堆在盘子里的小食品一样，它们是用来干什么的呢？

按照彩色绘画原稿的笔迹和用色情况来勾描和分版，刻出若干小块木版，不同小块木版上不同颜色，然后再依照"由浅到深，由淡到浓"的原则，逐色套印。由于这种分色印版类似古代的五色小饼"饾钉"，因而被称作"饾版印刷"。

拱花术

"拱花"其实就是在宣纸表面压印出凸起的暗纹，让画面产生浅浮雕效果。原来的画可能是平面的，但经过拱花之后，就会变成立体的，这能给原来的画增添许多别致的雅趣。你看，拱花的出现是不是让整个画面都灵动起来了呢？

《萝轩变古笺谱》中带拱花的插页

14

十竹斋笺谱

看看这幅画，你认为这本画集是画的还是印的呢？

告诉你吧，这本明末由胡正言编印的画集《十竹斋笺谱》采用的是"饾版""拱花"等木版彩印技术。不要不相信哦，这些小小的色块以及渐变的颜色都是通过由浅到深的颜色慢慢叠加起来的，很厉害吧。

AR

木版年画

民国时期年画《汉文帝亲尝汤药》

年画是中国古老的民间艺术。喜庆、福寿、安康、丰收……中国年画的题材都是这类民间喜闻乐见的内容。每到农历新年，人们往往都会张贴年画。

木版年画的印刷自明代开始繁荣兴盛，至明末已经出现了专门从事印刷年画的民间作坊。到清代，年画的印刷已在全国发展起来，流行于整个中国。年画走进千家万户，销量很大，促进了印刷业的发展。

AR

铜版印刷工艺

五、铜版印刷

铜版vs木版

雕版印刷版材主要用木材，但也常以金属版特别是铜版代替木版。木版在温湿度变化时易于走样，而且印数多后线条容易磨损不清，且易于仿制。铜版虽然昂贵，但坚固耐用，不易变形。因此，在古代，发行量大，又关系国计民生的纸币、票证等物品多是用铸铜印版印制的哦。

铜版印刷的应用

世界上最早的纸币

你知道纸币最早是由哪个国家发明的吗？没错！中国就是发明纸币的国家。最早的纸币是中国宋朝时的"交子"。"交子"最初出现于民间，由富商发行经营。后来宋朝政府开始正式发行交子纸币，称为"官交子"，在四川境内流通了近80年。

中国的第一套邮票

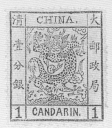

1878年8月15日，清政府海关首次发行中国第一套邮票——大龙邮票。这套邮票共3枚，主图是清皇室的象征——蟠龙，发行量总计约100万枚。

最早的广告印版

我们在生活中随处可见刊登的广告，那么广告是从什么时候开始出现的呢？最早的广告版出现在中国北宋时期，是一块名为"济南刘家功夫针铺"的广告铜版。

快看看这块最早的广告版上有些什么内容吧！这块版面图文并茂，既有名称商标，又有广告语、详细介绍等，词语简练，生动有趣。

石版印刷工艺

绘石石印工艺

你一定知道油与油相似相溶，而油与水则互不相溶吧。

1798年，德国人逊纳菲尔德就利用这个原理，发明了石版印刷。画家们用油性物质在石头上作画，然后用水将石头弄湿，石头上没有涂上油的部分就会吸附水分。然后在石头上涂上油质的墨水，石头上含油的部分就能吸附住油墨，而含水的部分则不能。最后用一张纸压在石头上，油墨就从石头转印到纸上了。是不是很神奇呢？

AR

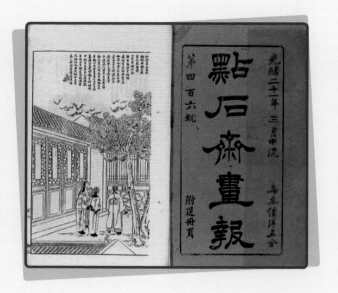

1878年，创设申报馆的英国人美查从英国购回一台石版印刷机，并于次年在上海创办了点石斋石印书局。先进的石印技术和准确刻画形象的绘画技巧是出版画报的基础。1884年5月8日，以《点石斋画报》命名的时事画报在上海诞生了。

《点石斋画报》随《申报》附送，每期画页8幅，是近代中国最早、影响最大的一份新闻画报。画报中，人物背景生动真实，内容贴近生活，生动地展现了晚清各阶层人群的思想涌动和社会变化。

点石斋画报

彩色胶印

胶印技术是当代主流的印刷技术。在当代，许多印刷技术的创新与发明都是基于胶印。你知道吗？我们现在生活中的书籍、报纸、杂志、传单及画册大多是采用胶印的方式印制的哦。

第一台胶印机

德国的卡斯帕尔·赫尔曼于1960年在德国制成了第一台胶印机，以锌版为版材，印版的图文部分先转印到包着橡皮布的滚筒上，然后再由橡皮布将图文墨迹转印到纸张上。这项技术第一次摆脱了纸张必须与印版直接接触的印刷方法，产生了间接印刷法，使平版印刷技术得到了革命性的发展。

汉字激光照排

计算机，现已成为人们学习、娱乐的工具。但在1978年以前，中国的计算机技术面临着一个巨大的难题——如何将我国繁多的汉字存储到计算机中？

数学家王选接受了这个挑战，他和他的科研团队一起，坚持钻研，发明了汉字激光照排技术，用轮廓加参数描述汉字字形的信息压缩技术，使中国的数万个汉字能像英文的26个字母一样，轻松地储存于计算机中，为中国近现代的印刷业做出了巨大贡献。

第一张图文合一处理的 中文彩色报纸

1992年，北京大学计算机研究所研制成功方正彩色出版系统，并在《澳门日报》投入使用，诞生了世界上首次实现彩色图片与中文合一处理和输出的中文彩色报纸。同年5月，香港《大公报》率先购买了这一系统，紧接着，《新晚报》、《明报》、马来西亚的《光华日报》、美国的《星岛日报》等报纸纷纷采用，引发中国报业和出版印刷业的彩色技术革新。

22

数码印刷

无论是雕版印刷、石版印刷还是彩色胶印，都要经过分色、拼版、制版、打样等步骤，而数码印刷就大不相同了。数码印刷是将图文信息由计算机直接传送到印刷机的，它涵盖了印刷、电子、计算机、网络、通信的多个技术领域。

数码印花

在本书的第一个章节，我们就讲到了古老的印花技术。如今，已经沉寂了数百年的印花技术正在数码技术的支撑下卷土重来！

数码印刷的出现，尤其是喷墨技术的发展成熟，使印花技术只需集中原色就可以调配出千万种色彩，我们可以在很短的时间内就看到小样，能很方便地按需要组织小批量甚至单件生产，花色也可以随心所欲地选择。数码印花技术从根本上改变了传统的印花原理，是对传统印花方式的一次革命性的变革。

3D 打印技术

3D打印机就像一个神奇的魔盒，它可以使用各种打印材料，并将它们一层层叠加起来，最终打印出一个实物，摆在你面前。

如果你想要用3D打印机打印一件衣服，首先要用计算机建模，也就是做一个三维设计，领子、袖子、花纹……然后需要准备材料。通常，我们可以使用尼龙。在3D打印机里尼龙是丝状的。接下来，开启3D打印机，你将看到材料在打印机喷头内被加热熔融，喷头沿着设计的轨迹移动，把熔化的材料挤出来，慢慢地就堆积成了一件衣服，太神奇啦！

3D 打印的应用

3D打印这一概念曾经只出现在科幻小说里，但是现在，发明家和工程师们正致力于将3D打印应用在日常生活和各个领域当中。现在，我们通过3D打印可以打印汽车，打印人体器官，打印房子……

2020年5月5日，中国首飞成功的长征五号B运载火箭上，搭载着"3D打印机"。这是中国首次太空3D打印实验，也是国际上第一次在太空中开展连续纤维增强复合材料的3D打印实验。

未来，3D打印技术还将在更多领域大显身手！

AR

24

后记

　　印刷术是我国古代四大发明之一，它带动了世界变革，推动了欧洲文艺复兴，为中华文化传承和人类文明进步做出了伟大贡献。它的发展及应用，无不浸透着中华民族为了文化流传而倾注的智慧和汗水。而伴随着单色印刷术诞生的彩色印刷术，也是中国人民对世界印刷技术发展的一项重大贡献。我们一定要好好传承这份悠久的文化！

中国印刷博物馆 简介

　　印刷术是我国古代四大发明之一，带动了世界变革，推动了欧洲文艺复兴，为中华文化传承和人类文明进步做出了伟大贡献。印刷术历经千年，从雕版到活字，从泥活字到铅活字，从激光照排到数字印刷，它们的发明、发展及应用，无不浸透着中华民族为了文化流传而倾注的智慧和汗水。为弘扬中华文化，激励后人奋发向上，在党和国家的扶持下，通过印刷业同人及相关业界人士的共同努力，1996年6月1日，中国印刷博物馆建成开馆。

　　印刷有术，馆开博物。建馆至今，中国印刷博物馆逐渐成长壮大，是目前世界上规模最大的专业印刷博物馆。铭记历史，传承传扬；展示印刷先人光辉事迹、创造创新之经脉；融入现代化展现手段，凸显印刷文化之精髓。博物馆已成为中小学生和社会各界观众接受中华传统文化和爱国主义教育的基地，对坚定文化自信发挥着不可替代的独特作用。

孙宝林，现任十三届全国政协委员、中国印刷博物馆馆长兼文物藏品鉴定与研究委员会主任、印刷文化首席传播专家、中国印刷技术协会副理事长、《印刷文化（中英文）》期刊主编。合著图书《传统的未来：印刷文化十二讲》入选《"十三五"国家重点图书、音像、电子出版物出版规划》增补项目，策划出版《文明之光——中国印刷史话》《版印文明》《古墨今说》《刷梦想之文宝探秘记》等多本图书。在《人民日报》《光明日报》《人民政协报》等报刊上发表多篇文章。

高飞，策展人，青少年印刷文化科普课程设计者。曾策划"中华印刷之光"展览、"森林里的魔幻印刷"展览、"古代书籍装帧形式"短片等。出版《刷梦想之文宝探秘记》，设计"古籍装帧"体验课程、"我在博物馆的一天"等活动。